Rocas ígneas

Grace Hansen

Abdo

¡SÚPER GEOLOGÍA!

Kids

Abdo Kids Jumbo es una subdivisión de Abdo Kids
abdobooks.com

abdobooks.com

Published by Abdo Kids, a division of ABDO, P.O. Box 398166, Minneapolis, Minnesota 55439.

Printed in the United States of America, North Mankato, Minnesota.

102019

012020

THIS BOOK CONTAINS RECYCLED MATERIALS

Spanish Translator: Maria Puchol

Photo Credits: iStock, Science Source, Shutterstock

Production Contributors: Teddy Borth, Jennie Forsberg, Grace Hansen
Design Contributors: Dorothy Toth, Pakou Moua

Library of Congress Control Number: 2019944040

Publisher's Cataloging-in-Publication Data

Names: Hansen, Grace, author.

Title: Rocas ígneas/ by Grace Hansen

Other title: Igneous Rocks. Spanish

Description: Minneapolis, Minnesota : Abdo Kids, 2020. | Series: ¡Súper geología!

Identifiers: ISBN 9781098200961 (lib.bdg.) | ISBN 9781098201944 (ebook)

Subjects: LCSH: Igneous rocks--Juvenile literature. | Rocks--Identification--Juvenile literature. | Geology--Juvenile literature. | Spanish language materials--Juvenile literature.

Classification: DDC 552.1--dc23

Contenido

Rocas ígneas

La Tierra está llena de rocas, grandes y pequeñas. Todas las rocas están compuestas de **minerales**.

5

Las rocas ígneas son algunas de las rocas más antiguas en la Tierra. Componen aproximadamente el 95% de **corteza** terrestre.

7

La **corteza** terrestre tiene grietas, lo que la divide en muchos trozos grandes. Estos trozos se llaman **placas tectónicas**. La mayoría de las rocas ígneas de nueva formación aparecen en los bordes de estas placas.

Debajo de la **corteza** está el **manto** terrestre. En la parte inferior del manto, las temperaturas son muy altas. ¡Hace tanto calor, que las rocas se funden! Así comienza la formación de las rocas ígneas.

La roca fundida se llama magma. El magma sube desde el **manto** a la **corteza**. Penetra en las grietas, se enfría y se solidifica.

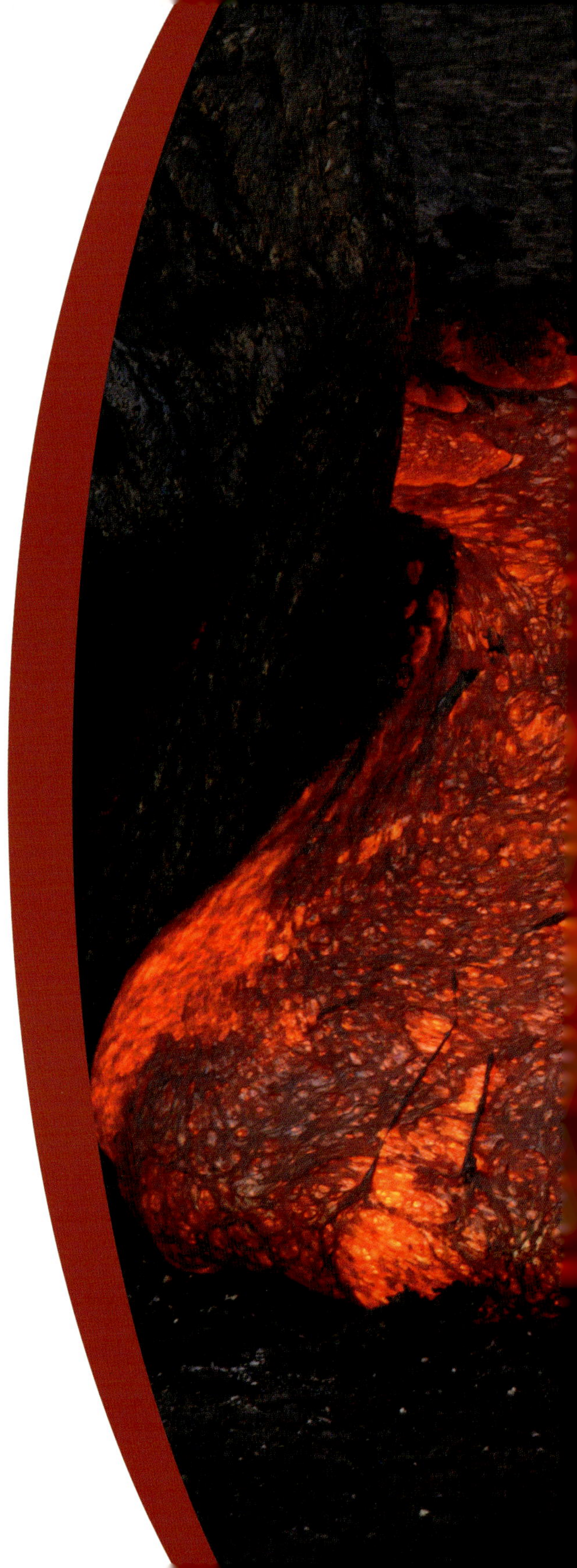

A veces el magma sale a la superficie de la Tierra. El magma en la superficie se llama lava. La lava también se enfría y endurece. Las rocas ígneas se forman de lava y magma endurecidas.

Los **minerales** en el magma forman cristales cuando se enfrían. Cuanto más lentamente se enfría el magma... ¡más grandes los cristales!

17

Minerales comunes

Entre los **minerales** más comunes en las rocas ígneas están el feldespato y el cuarzo. El granito es una roca ígnea. Está compuesto de al menos un 25% de cuarzo. El granito es fuerte y con frecuencia se usa en la construcción.

El ciclo de las rocas

Al pasar de los años, la roca ígnea se descompone. Se convierte en **roca sedimentaria** y luego en **roca metamórfica**. Este proceso se llama el ciclo de las rocas.

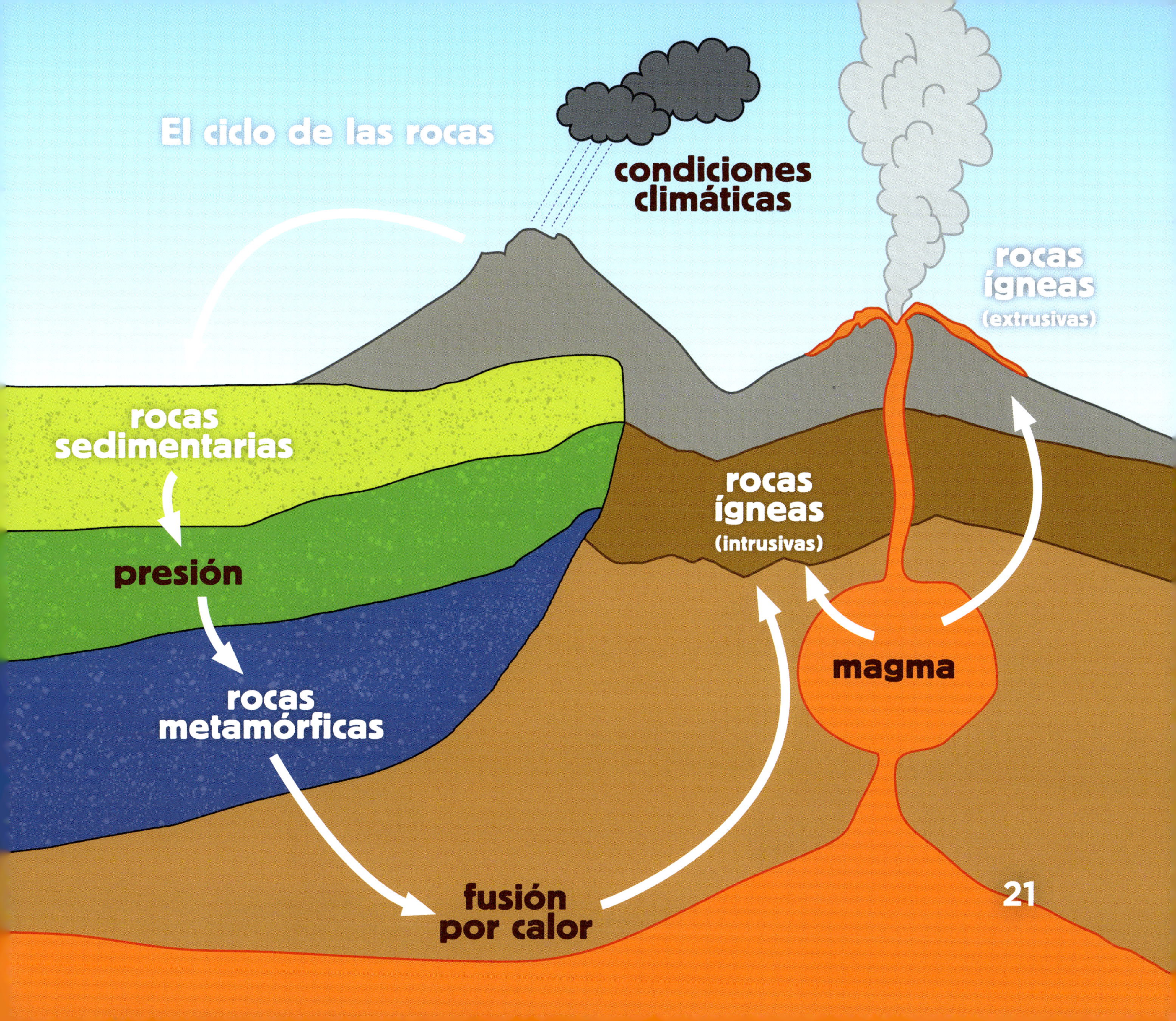
El ciclo de las rocas
condiciones climáticas
rocas ígneas (extrusivas)
rocas sedimentarias
rocas ígneas (intrusivas)
presión
magma
rocas metamórficas
fusión por calor

Rocas ígneas extrusivas e intrusivas

extrusivas o volcánicas

Se forman en la superficie y se enfrían rápidamente, creando pocos o ningún cristal.

basalto

obsidiana

pumita

intrusivas o plutónicas

Se forman bajo tierra y se enfrían lentamente, permitiendo la formación de grandes cristales.

diorita

granito

peridotita

Glosario

corteza – capa externa de la Tierra.

manto – capa de la Tierra que se encuentra entre la corteza y el núcleo.

mineral – substancia formada en la Tierra pero no de un animal o una planta; por ejemplo, el oro, la plata o el hierro.

placa tectónica – segmento de la corteza terrestre que se desplaza en relación con otros, causando movimientos terrestres como erupciones volcánicas.

roca metamórfica – tipo de roca que surge de la transformación de roca existente a causa del efecto del calor o de presión.

roca sedimentaria – roca formada por la acumulación y cementación de minerales o partículas orgánicas.

Índice

Abdo Kids ONLINE
FREE! ONLINE MULTIMEDIA RESOURCES

¡Visita nuestra página **abdokids.com** para tener acceso a juegos, manualidades, videos y mucho más!

Usa este código Abdo Kids **GIK5571** ¡o escanea este código QR!